翁波◎文　王点意◎绘

中华名人家风故事

画说

SPM
南方出版传媒
广东人民出版社
·广州·

图书在版编目（CIP）数据

画说中华名人家风故事 / 金波文；王点意绘 . —广州 ：广东
人民出版社，2015.7
ISBN 978-7-218-09903-3

Ⅰ . ①画… Ⅱ . ①金… Ⅲ . ①家庭道德－中国－通俗读物
Ⅳ . ① B823.1-49

中国版本图书馆 CIP 数据核字（2014）第 304317 号

HUASHUO ZHONGHUA MINGREN JIAFENG GUSHI
画说中华名人家风故事
金波 / 文 王点意 / 绘

版权所有 翻印必究

出 版 人：曾 莹

责任编辑：张竹媛 张力平
整体设计：张竹媛 陈小丹
责任技编：周 杰 黎碧霞
特约编辑：沈沧源 朱 莹

出版发行：广东人民出版社
地 址：广州市大沙头四马路 10 号（邮政编码：510102）
电 话：（020）83798714（总编室）
传 真：（020）83780199
网 址：http://www.gdpph.com
印 刷：珠海市鹏腾宇印务有限公司
书 号：ISBN 978-7-218-09903-3
开 本：889 毫米 ×1194 毫米 1/32
印 张：6.5
字 数：162 千字
版 次：2015 年 7 月第 1 版 2015 年 7 月第 1 次印刷
定 价：28.00 元

如发现印装质量问题影响阅读，请与出版社（020-83795749）联系调换。
售书热线：020-83795240

什么是家风呢？家风，就是指一个家庭或一个家族的传统风尚。换句话说，就是一个家庭的传统作风。诚信厚道、团结友好、不贪不占、厚德载物……这些中华民族的传统美德，就是我们的祖先从家庭开始遵守和养成的。祖先流传下来的这些优良家风，营造的是一种文化环境，是一种为人处世的精神标杆，并根植于子孙的血液中，代代相传。古代有许多名人，之所以取得了莫大的成就，建立了辉煌的功勋，都是受到良好家风的熏陶。如孔子、诸葛亮等等，如果没有良好的家风家规的影响，他们就很难成为

历史上举足轻重的人物。

　　前人留下来的良好家风，具有很强的道德感召力，能让我们在日常生活中得到某些启示。本书的50个家风故事，通过绘画的形式，将给我们带来良好的视觉享受，让我们在精短的故事描述中，集中学习前人的家庭传统，体验前人的成长足迹，启发我们发扬光大，从而成长为一位对国家、对人民有用的人，并把优良的家风传统一代一代地接力下去。

目 录

磨坏三把斧

——鲁班的家风故事

人物简介：

　　鲁班（生卒年不详），相传姓公输，名般，春秋时鲁国（今山东滕州）人。因其为鲁国人，且"般"与"班"同音通假，所以又称鲁班。他从小为工匠，积累了丰富的实践经验，发明了许多工具，是我国古代出色的发明家，被称为建筑行业的"祖师"。

鲁班是古代著名的木匠，擅长做木具，还发明了锯、斧子、凿子等工具。

爸爸，你做的家具真棒呀，邻居们都夸你的手艺好呢。

伢子，我家祖祖辈辈是木匠，你想不想做我的接班人呢？

不，做木匠很辛苦，我想种田，种出很多很多的粮食。

种田好累呀，我真不想干了。

爸爸，听说织布的活儿不是太累……

也好，你不妨去试一试吧。

没想到，织布的活儿也这么辛苦啊……

爸爸，我想了想，还是跟你学木匠算了。

你下了决心，就要认真去做。

佯子，把这段木头砍成方木，表面越光滑越好。

是，爸爸师傅！

爸爸，做木匠原来也不轻松，我更吃不消了。

佯子，要想学成木匠，你必须磨坏三把斧。

爸爸，磨坏三把斧，得花费很多工夫吧？

没办法，你爷爷和我都是磨坏了三把斧才出师的。

你要想出师，也必须磨坏三把斧。

爸爸，不管做什么事，都要经过刻苦磨炼才能成功吗？

是的，这是我们鲁家成功的秘诀。

唉，用了一天，斧子就钝了！

斧子用钝了，就要磨；磨锋利了，就接着做。

坚持不懈地做下去，你才会成为优秀的木匠。

小结

无论做什么事情都要专一、用功，勤奋是成功之本，是生活之本。一个人要想做成一件事，要想取得成功，就得坚持不懈地磨炼，舍此无他。

以俭为荣

——季文子的家风故事

人物简介：

季文子（？—前568），姬姓，季孙氏，史称季文子，春秋鲁国人。曾任鲁国的正卿，辅佐鲁宣公、鲁成公、鲁襄公三代君主。他掌握着大权，一心为了老百姓和江山社稷着想；同时也有着良好的道德修养，治国齐家都有一套本领。

季文子乘坐破旧的马车上朝。

正卿大人真朴素呀，简直跟我们老百姓一模一样。

你们记住，任何时候都不要穿丝绸衣服，也不要用粮食喂马。

记住了，老爷。

大人，你身居高位，为什么生活还这么俭朴呀？

仲孙

这是我们的家规，有什么不对吗？

但是，你想过没有？你是鲁国的正卿，不注重衣着服饰，会让别国的人笑话咱鲁国呀。

不对，一个国家的富强与光荣，是通过臣民的高洁品行表现出来的，而不是因为穿戴……

还有，听说你不准妻妾穿丝绸衣服，也不准用粮食喂马。这不是太委屈了吗？

提倡勤俭节约，有什么委屈的呢？

可是你的妻妾和你的马匹是为了跟你享福的。不然的话，跟生活在老百姓家有什么区别呢？

请跟我来……

你看看他们穿的是什么，吃的是什么。

老百姓的日子真艰苦呀！

看到许多老百姓还穿着破旧不堪的衣服，我怎能忍心穿着丝绸衣服呢？

哦，原来如此。

我也想把家里布置得豪华典雅一些，可是一看到老百姓住着破旧的茅草房，我哪能有这个心思呢？

哦，难怪……

还有，看到许多老百姓还吃糠咽菜，我又怎能忍心用粮食喂马呢？

原来大人是为老百姓着想啊……

如果换了你，你还愿意过着这样豪华奢侈的生活吗？

惭愧呀，我还没有做到。

仲孙回到家里，也穿着粗布衣服，并训诫妻妾。

从今以后，我们也要像季文子一样，不穿丝绸衣服，不用粮食喂马。

是，老爷。

007

　　季文子以德为美，以俭为荣，在他的心目中，老百姓生活贫苦，自己就没有资格过着优裕的生活。在他的带动下，许多人都过起了俭朴的生活，节俭家道蔚然成风。可见，俭朴是美德，是高尚人格的体现，是有志之士"思齐"的目标。

人物简介:

孔子（前551—前479），名丘，字仲尼，鲁国陬邑（今山东曲阜东南）人。历任司职吏、中都宰、司寇等职。是春秋末期著名的思想家、政治家、教育家，儒家学派的创始人，曾开创了私人讲学的风气。他的思想及学说对后世产生了深远的影响。

孔子在母亲颜氏的教育下，三岁识字，四岁时已会念百余字。

你们的父亲在世时，希望你们知书达礼，学有所成。

妈妈，我们知道了。

学习要有长进，关键是什么？

温故知新。

刻苦努力。

你们说得都对！今天我教你们的字，要温习好，明天我要考考你们。

好的，妈妈。

哥哥，妈妈教的字你都记住了吗？

嗯，差不多了。你呢？

今天我已经记住了，可是，我怕明天会忘记。

不怕，记不住也没有关系。

那不行。妈妈说了，明天她要考我们，要是答不上来，妈妈会伤心难过的。

那你怎么办？

我要起床，再多练几遍。

弟弟，外面天凉，别起床了，就在我肚皮上练字吧。

哥哥，这能行吗？

行，我还能感觉到你写得对不对，给你把把关。

这是一个"禮"字。

没错，礼节的礼一画儿也不少。

这是廉耻的"耻"字……

好的，我记住了。

弟弟，你这个"耻"字旁边的"心"还写少了一点。

弟弟真棒！

ZZZ

丘儿真棒，昨天妈妈教的字全写对了。

妈妈，弟弟可努力了。

小结

读书写字是一件吃苦的事，肯定没有玩耍那般轻松。母亲用母爱启发孩子的才智，为孩子增添学习劲头，哪怕只是三言两语，依然能在孩子的心里激发强大的学习动力。孔子在哥哥肚皮上练字，这种动力就是在母爱的感召下激发出来的。

布衣栈车

——晏婴的家风故事

人物简介：

　　晏婴（？—前500），史称晏子，齐国夷维（今山东高密）人。曾任春秋后期齐国的国相，是杰出的政治家和外交家。他忧国忧民，敢于直谏，生活俭朴，在诸侯和百姓中享有极高的声誉。

夫人，你要永远记住我的话，平时要少吃肉，不穿绫罗。

我早就记住了。

不光现在要记住，将来我死了，不管世道如何变化，也要保持我们的传统家风。

老爷，你放心就是了。

老爷，这菜还合口味吗？

嗯，还不错。

相国大人，我是景公派来看望你的。

请坐，一起吃点吧？

老爷，客人难得来，再添一份菜吧。

不必，我和客人每人吃一半就可以了。

大人，你吃得好不好，别人没法看得见；可你穿一身粗布衣服上朝，在大臣面前就显得寒酸了。

我看也没有什么不好的。

还有，你上朝坐的车，是竹木做的栈车也倒罢了，可已经有些年头了，该换一辆新的了！

没有坏，还是可以继续使用的。

你住的房子，都挡不住风雨了，总该翻修一下吧？

等两年再翻修吧。

今天大王派我来，就是给你送钱的，希望你改善一下生活状况。

请禀报大王，我并不贫困。我的俸禄足够供养家人和待客之用。

你都拒绝大王三次赏赐了，这次你无论如何要收下。不然，我没法回去交代。

我一向提倡节衣缩食，以减轻老百姓的负担。我是相国，如果自己做不到，恐怕奢侈之风就会盛行了。

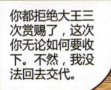

相国大人真是我们的典范呀，对家人也是这样吗？

他一向这样严格要求我们。

老爷，你多次不给大王面子，要是大王怪罪怎么办？

不管怎么说，节俭度日永远是没有错的。

小结

晏婴"食不重肉，妾不衣帛"，为官清廉，生活俭朴，穿的是粗布衣，住的是破旧民房。这种以苦为乐、为荣的境界，并不是所有人能够做到的。在晏婴这样的人看来，追求君子风范、体现爱民情怀才是最重要的，而奢侈的生活不利于品行修养，因而才情愿过着节俭生活。我们今人要学习这种清廉的家风。

言而有信
——曾参的家风故事

人物简介：

　　曾参（前505—前436），名参，字子舆，春秋末期鲁国南武城（今山东平费县）人，史称曾子。他16岁拜孔子为师，勤奋好学，颇得孔子真传，主张修身齐家，省身慎独，被尊为"宗圣"。

吾日三省吾身：为人谋而不忠乎？与朋友交而不信乎？传不习乎？

快把刀给我，小孩子拿刀玩是很危险的。

不！爸爸，我想把菜刀磨快点。

为什么要磨刀呢？

因为妈妈刚才对我说，她要杀猪。

不年不节的，妈妈怎么会杀猪呢？小孩子不许说谎话。

爸爸，我并没有说谎话。

那你告诉我，妈妈为什么要杀猪呢？

刚才妈妈去街上办事，不想带我一起去，就告诉我说，等她回来，就给我杀猪吃。

哦，原来是这样。

爸爸，如果妈妈不杀猪，算不算不守信用呢？

小结

　　在生活中，有很多人都忽略了信用的力量。他们随口答应别人一些事情，却很快又抛之脑后，待别人问起，则找个借口推卸责任。这样做的结果，必然是因信用的缺失而自毁长城，成为一个不守信用的人。所以，从小养成守信的习惯至关重要。

鲁相拒鱼

——公孙仪的家风故事

人物简介：

公孙仪（生卒年不详），复姓公孙，名仪，一作公仪休，春秋鲁国人。由于才学出众，被鲁穆公任命为宰相。他为官严于律己、清正廉洁，以拒受甲鱼而闻名后世。

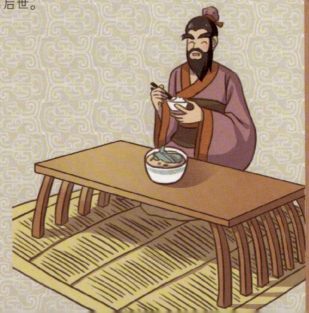

甲鱼营养丰富，真是鱼中的极品呀。不错不错！

热烈祝贺公孙宰相荣登相位，我给您送一只甲鱼做贺礼！

听说宰相大人嗜甲鱼，我也送来了一只。

各位的好意我心领了。不过，谁的鱼我也不能收。

哎哟，没想到宰相大人真不给面子呀！

公孙兄身体瘦弱，又日理万机，我得送条甲鱼给他补身子。

甲鱼熬汤味道鲜美，又能强身健体，的确是个好东西呀！

你我朋友一场，这点小意思不足挂齿嘛。

可是，我说过，谁的甲鱼都不能收！

你我是好朋友，为什么也不能收呢？

画说中华名人家风故事

有道是，吃了人家的嘴短，拿了人家的手软……

不会的，我决不会给你添任何麻烦的。

老兄，你想过没有，如果我收下了甲鱼，你就有行贿之嫌呀！

看来，你真的是一位清正廉洁的好官呀！

老爷，你这么爱吃甲鱼，为什么连朋友的好心也要推辞呢？

正因为我喜欢吃甲鱼，所以才不能收。

我不明白……

吃甲鱼固然是小事，但是，如果我收受礼品，迟早会因为受贿而丢了官位。丢了官位，我又拿什么去买甲鱼呢？

嗯，老爷想得真周到呀，我明白了！

所以，不收别人的甲鱼，我还可以多做几年宰相，用自己的俸禄还可以多吃几年甲鱼呢。

难怪老爷平时教育孩子不贪不义之财呢，原来道理就在这里。

是的，这是我对子孙们的希望啊。

小结

有道是，吃人家的嘴短，拿人家的手软。不管是官吏，还是普通群众，一旦得到了人家的好处，就不得不替人办事。一些别有用心的人深知这句谚语的真谛，千方百计把可以利用的人当"狗"养起来，一旦用得上，就唆使对方打前阵，为自己开方便之门。从这个角度来看，不受不义之财，于官于民都有好处，也是教育子孙清白为人的道理所在。

田母责子

——田稷的家风故事

人物简介：

田稷（生卒年不详），战国时期齐国人，被齐宣王任命为宰相。他有政绩，得益于母亲的教诲。田母既贤惠又仁义，善于教导子女，是后人树立的"良母"榜样。

母亲圣明，他请求我给他安排一个职位，我已经答应下来了。

好糊涂的儿子！我平时是怎么教育你的？

母亲教育儿子，君子要修身养性，不义之财，不入家门。

可是，你身为相国，收受贿赂，上有愧于君亲，下有愧于百姓，你太让我失望了！

收回去吧，你可差点害了我！

没想到令堂大人如此深明大义呀！

是我太糊涂了。

启奏大王，臣罪该万死，请求治罪。

相国身犯何罪？

臣一时糊涂，收受一个属下送的黄金，为他谋求官职。要不是母亲责难，臣还不知罪呢！

令堂大人果然贤明识体，是一位好母亲。你既然退了贿，又是第一次，就先免罪吧。

谢谢大王宽恕。从今以后，我一定听从母亲的教诲，清正为官。

田母责子——田稷的家风故事

小结

　　父母都希望子女成龙成凤，长大后有出息。然而，真正有出息的人，不是当了多大官，发了多大财，而是做了清廉之官，获得正当之财。如果官不清，难免有倒台之日；如果财不明，则是不义之财。所以，有一个清廉家风很重要，将会使子孙永远受益。

司马遗训

——司马谈的家风故事

人物简介：

　　司马谈（？—前110），复姓司马，名谈，西汉夏阳（今陕西韩城南）人。在汉武帝建元、元封年间任太史令。是西汉著名的学者，生前准备创作一部史书，不幸早逝，便把希望寄托在儿子司马迁身上。司马迁经过努力，终于完成历史巨著《史记》。

迁儿，我给你讲的屈原沉江的故事，你记住了吗？

爸爸，记住了。下次，你再给我讲个秦始皇的故事吧。

秦始皇的故事还不算精彩，最精彩的是陈胜起兵和楚汉争霸的故事。

爸爸，你知道的故事都是书上记载下来的吗？

不，这些故事多是民间相传，并没有被史书完整地记录下来。

爸爸，你为什么不把这些故事记录下来呢？

为父早就想写一部《史记》。可是，要写好史书，是要付出很多心血的，我担心我的身体……

爸爸，等我长大后，我替你写。

迁儿，爸爸这一病……要是爸爸走了，你一定要做太史令，继承爸爸的遗志，完成《史记》。

爸爸，我会的。

可是，写《史记》不是短期能完成的，我担心你遇到困难会打退堂鼓呀。

爸爸，你平时不是教育我，为了理想，要置生死于度外吗？

司马迁长大后，也做了史官。

我今天做了史官，终于有机会完成父亲的遗愿了。

陛下，李陵没能打败匈奴，损兵折将，罪该万死。

陛下，我认为吃了败仗不能全怪李陵。

司马迁，你敢替败兵之将辩护？来人，将他施以宫刑。

遵旨！

受到这样的刑罚，我还不如死了算了。

如果我死了，谁来实现父亲的遗愿？不，为了完成《史记》，我一定要好好活下去。

16年后……

《史记》今天就能收尾了，可以告慰家父的亡灵了，16年的心血没有白费呀！

小结

　　自古以来，名人、大家多有良好的家风。作为史官的后代，司马迁承袭了重视传承历史的家风，为了完成《史记》，他不惜承受宫刑的痛苦。对他来说，家风远远超过了生命和尊严。

父子为相
——韦贤的家风故事

人物简介：

韦贤（？—746），汉宣帝时为丞相。他生性淳朴，对于名利看得很淡，一心一意专注于读书，因此学识非常渊博，人称"大儒"。

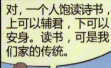

韦丞相，您学富五车，从今之后，孤会经常向先生请教的。

谈不上请教，我们君臣有空儿就一起来读"经书"吧。

五年后，韦玄成来看望父亲韦贤。

爸爸，我决定来参加全国的科第考试。

也好，希望你能在众考生面前好好露一手。

韦玄成应试后，站在殿外等消息。

玄成成绩突出，录为第一名。

真了不起呀。

爸爸，儿子高中了，也能为国家做贡献了。

但是，不管做什么官都不要忘记，是读书成全了你呀。

韦玄成，你父亲几年前就辞职返乡了。现在，根据你的能力，丞相一职也由你来担任吧。

多谢皇上破格提拔。

父子为相，真是千古第一家呀。

有道是，"留给儿子财物，不如留给儿子经书"，这话真是不假。

小结

自古至今，在对子女的教育上，中国的很多父母都言传身教，希望孩子能够学有所成、光宗耀祖。韦贤的故事就是其中典型的一例。《三字经》里说："人遗子，金满籯；我教子，惟一经。"就是借韦贤的故事，说明读书的重要性。这些优良的家教传统，值得我们继承和发扬。

学会动脑

——诸葛亮的家风故事

人物简介：

　　诸葛亮（181—234），复姓诸葛，名亮，字孔明，号卧龙（也作伏龙），徐州琅邪阳都（今山东沂南南）人。三国时期任蜀汉丞相，为杰出的政治家、军事家。他一生"鞠躬尽瘁，死而后已"，是中国传统文化中忠臣与智者的代表人物。

孙子云："知彼知己，百战不殆；不知彼而知己，一胜一负；不知彼不知己，每战必殆……"

先生讲得真好呀。

弟子们，上午的课到此结束。

我还没有听够呢，就这样结束了，真是遗憾啊！

亮儿，你今天为什么不高兴呢？

妈妈，我讨厌水镜先生的大公鸡，每次先生讲到精彩处，它就报时。

哦，难怪把你气成这个样子呢！

妈妈，怎样才能让公鸡晚一会儿再叫呢？

你首先要弄清楚公鸡为什么会按时叫，那是水镜先生调教的结果。

画说中华名人家风故事

那么，我可不可以也调教它呢？

可以呀，就看你会不会动脑子了。只要肯动脑子，就没有解决不了的问题。

第二天

我有办法了……

要下课了，学堂外面的公鸡正准备打鸣。

哇，有好吃的……

嗯？不早了，公鸡怎么不报时呢？

嘻嘻。

原来公鸡正在吃米，顾不上报时了。这事肯定是诸葛亮干的！

对不起，先生。我就是想多听一会儿您讲课。

哈哈，原来如此！以后我多讲一会儿也就是了。

学会动脑——诸葛亮的家风故事

小结

培养孩子的目的，是引导他们善于动脑。一个善于动脑的人，在今后的工作和生活中，才能独立解决问题，遇到复杂的局面也能成功地掌控。诸葛亮是智慧的化身，从这个故事可以看出，他的智慧不是天生的，而是从小培养的。

兄友弟恭

——孔融的家风故事

人物简介：

　　孔融（153—208），字文举，鲁国鲁县（今山东曲阜）人，孔子的二十世孙。汉献帝时历任北军中侯、虎贲中郎将、北海相、大中大夫等。是东汉末年的文学家，建安七子之一，学识渊博，从小就能诗擅文，才华出众。

小弟先请。

哥哥先请。

弟弟，今天我来扫地。

哥哥，你歇着吧，让小弟来扫。

真是一个懂礼貌的好孩子！

老师，弟子来看望您了！

你破费了，请坐吧。

师兄好！

师弟们好！

孔融小师弟，请把我带的梨分给大家吃吧。

好的，但我要问一下爸爸。

画说中华名人家风故事

小结

中国之所以是一个礼仪之邦，就是很早的时候有一套礼仪规范，其中在家庭成员的关系上，提倡孝悌。孝，就是尊敬和孝顺长辈；悌，就是敬爱同辈的兄长。只有分清礼序，遵守礼规，才能做到家庭和睦和谐。

以德传世

——杨震的家风故事

人物简介：

　　杨震（？—124），字伯起，东汉弘农华阴（今陕西华阴东南）人。50岁时开始步入仕途，历任荆州刺史、涿郡太守、司徒、太尉等职。他通晓经籍，博览群书，被称为"关西孔子杨伯起"，以清廉著称。

多亏大人提携，我才得以做官，特来感谢！

王密，你做官靠的是你的能力，我推荐你是我的本分。黄金请收回去吧。

大人，我知道您为官清廉，可今天这事，并没有人知道呀。

天知、地知、你知、我知，怎么说没有人知道呢？

大人，您儿孙满堂，自己的俸禄又有限，也要为自己的子孙置点家产吧？

别人留给子孙的是财产，我留给子孙的是德行啊。

爸爸，您做了官，为什么还这么简朴呢？

君子追求的是德行，不追求吃穿。我是想为你们带个好头呀。

杨震去世前……

秉儿，不管你将来是做官，还是做老百姓，都要以德为美。

您放心，儿子要做官就做清官，要做老百姓就当君子。

以德传世

给我挂端正了。

我虽然做了朝廷命官，但从今以后我要像父亲大人那样，

不饮酒、不贪财、不近色，请各位监督！

哇，御史真是一个"三不惑"的官呀！

杨秉，你为官过于清廉正派，得罪了一些人，他们联名上书让朕罢黜你。这如何是好？

既然这样，臣愿意辞职回乡。

大人，您的生活如此困难，就收下这点东西吧。

不，非我之财物，坚决不收。

唉，大米又吃完了，今后只能喝菜汤了。

爸爸，皇上今天召我进京做官了。

好哇！可是，我们杨家人做官，跟别人不一样呢。

我知道，有了父亲和爷爷做榜样，我也会做一个清官，以德传世。

嗯，那样我就放心了！

俗话说：无私者无畏。杨氏一家几代人之所以正直为官，就在于他们有着清廉自律的传统，不贪不占，过着清贫的生活，因此才敢于同不正之风做斗争。杨氏一家数代为官，代代"能守家风，为世所贵"。这种清廉自律、疾恶如仇的为官品格，是中华民族传统美德中极有价值和生命力的精华部分。

良言一句抵千钧

——皇甫谧的家风故事

人物简介：

　　皇甫谧（215—282），幼名静，字士安，自号玄晏先生，安定朝那（今宁夏固原东南，一说甘肃灵台境内）人。一生不愿做官。是魏晋间著名的医学家，以著述为业，他的著作《针灸甲乙经》是我国第一部针灸学专著，在针灸学史上占有很高的学术地位，并被誉为"针灸鼻祖"。

静儿，以后我就是你的妈妈，你的叔父就是你的爸爸了。

新妈妈、新爸爸好！

皇甫谧小时候不愿读书，12岁了还整天四处游荡，受到乡邻的指责。

这孩子，真是一个不肖子孙。

他们家的家业，迟早会败在他手上！

静儿越来越大了，还这样不长进。

唉，是要好好教育他了。

妈妈，我买了点瓜果，送给您尝尝。

静儿，谢谢你的好意！不过，我不能吃你的瓜果。

妈妈，为什么呢？

我吃不下去呀……

静儿，你送我瓜果，是不是想表达孝心呢？

当然是为了孝敬您！

可是，《孝经》里说："如果自己不学好，哪怕每天用牛、羊、猪侍奉双亲也是不孝！"

妈妈，我真的没有学好吗？

你现在12岁了，既不想好好读书，也不约束自己的行为，这让我很担心。

……

孟母三迁，是为让儿子有一个好的学习环境，难道你也要让我搬家吗？

怪儿子没有给您争气。

曾参杀猪，是为了教育儿子言行一致、诚实不欺，你为什么就愚钝不开窍呢？

妈妈，我知道错了，从今以后我一定改正。

妈妈，我去孟老夫子那里读书去了，再见！

路上小心啊。

浪子回头金不换，这孩子，长大了肯定有出息！

从此后，皇甫谧闲时耕地，身边还带着书，休息时就读书，人也越来越上进了。

小结

假如当初没有婶母的良言相劝，皇甫谧恐怕终将一生碌碌，难以成为一代著名的医学家而名垂史册。可见，对那些特别顽劣和不听话的孩子，父母循循善诱的教导，足可以抵千钧之力。

推枣让兄

——王泰的家风故事

人物简介：

王泰（生卒年不详），字仲通，琅邪临沂（今山东临沂）人。年轻时以著书立说为主，后入朝为官，历任中书侍郎、黄门侍郎、吏部尚书、散骑常侍、左骁骑将军等。是南北朝著名的目录学家，为人谦恭礼貌，性格温雅。

王泰从小就很讲礼貌，见到长辈，就鞠躬敬礼。

老爷爷好！

你好！真是一个懂礼貌的孩子。

奶奶，孙儿给您请安来了！

泰儿，真是好样的！

奶奶，您还有什么话要教导孙儿的？如果没有，孙儿就告辞了。

刚好你的堂兄弟们都来了，就和他们一起玩一会儿吧。

王泰，欢迎你参加我们的游戏，咱们玩捉迷藏吧。

多谢哥哥。

王泰，你初来乍到，就先藏起来吧，我们大家来找你。

哥哥刚才玩累了，还是你先藏起来吧。

孩子们今天玩得可真开心啊！

孩子们，玩累了吧？都来歇一会儿。

孩子们，都来吃枣吧。

哦，我们有枣吃啰——

这些归我了！

这些归我了！

奶奶，我不着急，等哥哥们都拿过了，剩下的自然就归我了。

真是一个懂事的孩子！

泰儿，你怎么不去拿枣子吃呢？

泰儿，你拿的枣子最少，后悔不后悔？

没关系，奶奶！我不能跟哥哥们抢枣，那样就是一个没礼貌的孩子。

小结

　　孩子小小年纪，本是贪玩和贪嘴的时候，但王泰爱玩却讲礼节，爱吃却讲谦让，这并不是所有孩子都能做到的。对人恭敬，为人礼让，这是君子风范，是为人处世的基础。从这一点来看，王泰长大了也一定是位谦谦君子。

五子登科

——窦燕山的家风故事

人物简介：

　　窦燕山（生卒年不详），原名窦禹钧，蓟州渔阳（今天津蓟县）人。因家住燕山一带，人称"窦燕山"。是五代后晋时期的富商，善于教育子女，五个儿子都中了进士，故人称"五子登科"。

老爷，仆人偷了我们家的钱，去赌博。

等他回来了，我狠狠批评他。

过了一会儿……

偷主人的钱又输了，特以女儿抵盗款。

老爷，你看这如何是好？

这个仆人太不像话了！

孩子，别伤心。今后你就是我的女儿。

多谢老爷大慈大悲！

老爷，我今天去庙里烧香，看到许多穷人卖儿卖女，还有不少叫花子。

夫人，从明天起，你来监督孩子们读书，我去接济穷人吧。

几天后……

夫人，最近我一直在外面忙碌，孩子们的功课怎么样？

依我看，他们的功课都大有长进！

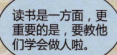

读书是一方面，更重要的是，要教他们学会做人啦。

老爷，你抽个时间给孩子们上上课吧。

孩子们，你们知道我们为什么要读书吗？

为了考取功名，获取一官半职，光宗耀祖！

做官，人人向往。可是，官也有好官和不好的官之分呢……

爸爸，我们明白了，将来我们要做官，就做好官。

难怪你总是扶危济困、助人为乐，原来是想给孩子们做榜样啊。

是啊，如果人品不好，将来就是做了官，也不是什么好官啦。

几年后……

老爷，刚得到喜报，我们的小儿子，如今也中进士了！

哈哈，我的五个儿子全中了进士，真是五子登科呀！

《三字经》云："窦燕山，有义方。教五子，名俱扬……"

窦家五子登科的故事，从古流传到今，一直被奉为有志父母的榜样。当时，朝廷里还有人赋诗一首："燕山窦十郎，教子有义方。灵椿一株老，丹桂五枝芳。""丹桂五枝芳"，就是对窦燕山"五子登科"的高度评价。一个家庭，五个儿子个个有出息，如果没有良好的家教，恐怕难以实现。

信守遗训

——陶侃的家风故事

人物简介：

　　陶侃（259—334），字士行（或作士衡），原籍鄱阳郡枭阳县（今江西都昌），后徙居庐江浔阳（今湖北黄梅西南）。他是东晋著名将领，历任武昌太守、荆州刺史、都督八州诸军事，追赠大司马。能武能文，撰有文集二卷。他的曾孙就是著名田园诗人陶渊明。

侃儿，你爸爸不在了。咱家虽然贫寒，但读书的志向不能丢。

妈妈，我一定好好读书，不辜负您的期望。

陶侃为人贤良，读书万卷，精通兵法，特任命为枞阳县令。

多谢圣上栽培！

侃儿，从今往后，你要做一个清正的官人，不可误国害民！

妈妈，放心吧，儿子记住了。

我今天送你三件土物吧，算作饯行。

妈妈，是哪三件土物？

我已经把它们包好了，到了任上你再打开看吧。

多谢妈妈。

原来是一块土坯、一只土碗和一块白色土布。

老爷，老夫人这是什么意思？

我明白了，土坯是教我记住家乡故土，土碗是教我莫忘本色，白色土布是教我体贴百姓、清廉自守啊。

老夫人真是一个贤良开明的母亲呀！

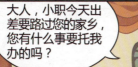

几日后

大人，小职今天出差要路过您的家乡，您有什么事要托我办的吗？

对了，你帮我带一条腌鱼回去吧，替我孝敬一下母亲！

老夫人，这是陶大人托我转交给您的。

这条鱼是从哪里来的？

老夫人，这是枞阳县的土特产，属于官营，没有花自己的一分钱。

请你把鱼带回去，我坚决不收。

侃儿，你身为官吏，怎么能拿官家的东西呢？

惭愧，是我辜负了母亲的教诲呀！

真是一位了不起的母亲！

　　陶侃的母亲湛氏是中国古代一位有名望的良母，与孟子的母亲、欧阳修的母亲、岳飞的母亲一起，被尊为中国古代"四大贤母"。她那出色的言传身教，让历朝历代的人都感动不已。后世有人赞扬说："世之为母者如湛氏之能教其子，则国何患无人材之用？而天下之用恶有不理哉？"这个评价真是恰如其分。

唯有一点像羲之

——王羲之的家风故事

人物简介：

王羲之（321—379，一作 303—361，又作 307—365），字逸少，琅邪临沂（今属山东）人。历任秘书郎、宁远将军、江州刺史，后为会稽内史，领右军将军。是东晋著名书法家，在书法史上与儿子王献之合称为"二王"，有"书圣"之称。

王羲之是东晋著名书法家，这让七八岁的儿子王献之非常羡慕。

爸爸，我长大了，也要当书法家。

好哇，这正是爸爸所希望的。

不过，一手好字，可不是玩出来的呀。

我知道，我也会刻苦练字的。

抽

好，献之的毛笔握得真紧，长大后定能成名！

妈妈，我的字人人称赞，三五年之内我就可以出名了吧？

三年五年都不行。

小献之的字，真了得！

不久就是王羲之第二啦。

三年五年都不行？那您说多少年啊？

献之，恐怕你要写完院里这十八缸水，你的字才会出名。

爸爸，我又练了五年字，用尽了三缸水，应该过关了吧？

要想出名，恐怕为时还早。

这个字，写得尚有些功夫。

总算有一个字让爸爸满意啦。

拿起

这些字都退还给你，让你母亲再评判一下吧。

是。

吾儿磨尽三缸水，唯有一点像羲之。

啊？要是妈妈知道这一点是爸爸点的，我就一点也不像爸爸了。

献之，不要气馁。只要你消除傲气，肯下功夫，总有一天会成功的。

王献之一口气，练下去，直到长大成人。

献之，你的字力透纸背、炉火纯青，可以跟你父亲相媲美了。

我磨尽了十八缸水，今天总算成功了。

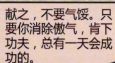

妈妈，我明白，我一定要虚心练字，直到成功。

小结

　　学习不在于一朝一夕，而在于长期积累。我们在学习的过程中，会气馁，会滋长傲气，这些都是在所难免的。气馁，是因为我们觉得做好一件事太难了；傲气，是我们自以为聪明，认为天下事不在话下。所以，面对学习过程中的不正常情绪，我们要学会泰然处之，保持一颗平常心。王献之的故事很有意思，母亲的一句"唯有一点像羲之"，胜过千言万语，催人猛醒。

卖狗嫁女

——吴隐之的家风故事

人物简介:

吴隐之(? —414),字处默,东晋濮阳鄄城(今山东鄄城) 人。曾任中书侍郎、左卫将军、广州刺史、吏部尚书,是历史上著名的清官廉吏。

吴隐之做了官后，亲自劈木柴。

吴大人，真是好功夫！

唉，这件衣服都缝了三次，老爷都不让扔掉。

老爷，今年的冬天太冷了，这床被子有些单薄。

等过了这一冬再说吧。

吴隐之的女儿要出嫁。

老爷，明天女儿要出嫁了，连一顿像样的饭菜都没有，怎么招待客人呢？

不着急，办法总是会有的。

汪汪——

有了。

你莫非想把狗卖掉？

听说吴大人要嫁女儿，连一顿像样的饭菜都没有，这太丢大人的面子了！

吴隐之的一位同僚

吴府

嗯？今天是大喜日子，吴家为什么这么冷清？

！

吴大人，您这是……

啊，听说今年的狗市不错呀。

不对，是嫁不起女儿了吧？

哈，还是瞒不过你！

卖狗嫁女，你可是千古第一人啦。

这也没什么，有钱多办，没钱少办嘛。

吴大人真是一个简朴的人啊！

小结

　　如果说，一个老百姓嫁不起女儿还说得过去，但当了大官的吴隐之也嫁不起女儿，这不能不说他是真正的清官了。过去，官吏的俸禄虽然有限，但他们可以以权谋私，收受贿赂。而做清官，就只能过着清苦的日子。相比今天，许多人操办婚礼大讲排场，以奢靡为时尚，这就不可同日而语了。

以礼待人

——王僧孺的家风故事

人物简介：

王僧孺（465—522），字僧儒，东海郯（今山东郯城北）人。南朝梁大臣，曾任尚书左丞、御史中丞等。他从小喜欢读书，六岁能写文章，博览群书，学识渊博，擅长书法。

王僧孺从小家境贫穷，却非常喜欢读书，常常坐在窗前苦读。

儿子，我把几本破书重新装订了一下，不影响阅读。

多谢妈妈，我又有"新"书读了。

儿子，我们读书，不光是要识文断字，还要懂得做人的道理。譬如，对人要礼貌谦虚、尊老爱幼……

妈妈，儿子懂得了。

欢迎叔叔光临寒舍，请坐！

嗬，小小年纪真懂事呀！

孩子，你今年几岁了？

小子今年六岁了。

进过学堂没有呢？

谢谢叔叔关心！小子家境贫寒，上不起学，全凭妈妈在家里教小子读书。

那你都读了哪些书呢？

读了几本诸子百家的书。不过，都是妈妈装订的旧书。

嗯，你年纪虽小，却说话有分寸、讲礼节，实在难得！

小子做得还不够，请叔叔多多包涵！

好孩子，请吃水果吧。

谢谢叔叔，小子不吃。

这是为何？

因为叔叔是客人，您还没有吃，我就不能吃。

好吧，我先吃，这下你总该可以吃了吧？

妈妈先尝，儿子才尝。

这孩子长大了肯定有出息！

小结

王僧孺酷爱读书，读书陶冶了他的情操，同时也使他明理懂事、以礼待人。当然，这一切都不是天生的，是与他的家庭环境和母亲的严格教育分不开的。一个有着良好家风传统的家庭，定能熏陶人品、培育人才。这是从古至今被无数事例证明了的真理。

清白遗子

——徐勉的家风故事

人物简介：

　　徐勉（466—535），字修仁，南朝东海郯（今山东郯城北）人。先后担任参军、尚书殿中郎、领军长史、中书令、吏部尚书等。他为官清廉，勤于政事，不营产业，是著名的清官。

徐勉虽然做了大官，但家里没有什么值钱的东西，只有一张桌子和几张破椅子。

爸爸，这个月除了生活费，还剩下二两银子。

攒起来吧，我有别的用处。

爸爸，我们家连一张像样的桌子都没有，把攒下来的钱，置点家具吧。

崧儿，我说过，这些钱是为了接济穷亲戚的。

徐勉被任命为吏部尚书。

恭喜徐大人荣升吏部尚书，这个官可以任命官员，大有油水呀。

哈哈。

爸爸，虞暠叔叔来了。

徐兄，我们可是好朋友，你要给小弟官升三级呀！

今天晚上，我们只谈风月，不谈公事。

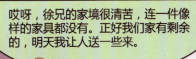
哎呀，徐兄的家境很清苦，连一件像样的家具都没有。正好我们家有剩余的，明天我让人送一些来。

我不明白，你自己吃苦也就罢了，为什么不给儿孙留点家业呢？

还是留给你自己用吧。

别人给子孙留下财产，我给子孙留下清白吧。

清白能当饭吃吗？

如果儿孙有德能，自然会自己创下家业；如果不成才，即使我留下财产，他们也会挥霍殆尽啊！

真是一个榆木疙瘩，死脑子！

站起

崧儿，为父从政三十年，老朋友们劝我购置田园留给你们，但我都拒绝了，你没有意见吧？

爸爸，我没有意见。

我认为，只有将宝贵的清白遗留给后代，才能让后人享用无穷，你说呢？

爸爸放心，我会发扬徐家的清白传统，将来自食其力！

小结

　　家庭教育的特点是言传身教，潜移默化。为人父母，总想把最好的东西留给子女，其实不管给子女多少财物都是身外之物，只有教会他们自食其力，才是为他们长远和未来考虑，使他们真正受益，使他们在任何时候都能够保持清醒的头脑，明辨是非，选择正确的人生道路。

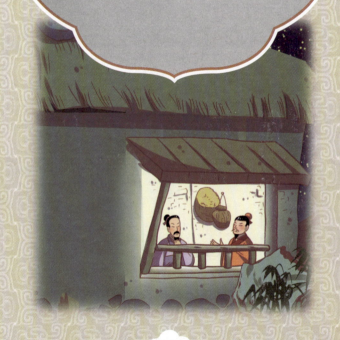

百善孝当先

——房彦谦的家风故事

人物简介：

　　房彦谦（544—613），字孝冲，清河东武城（今山东武城西）人。一生经历了东魏、北齐、北周和隋四个王朝，官至监察御史、郡司马。曾在全国官员考核中，因清正廉洁，被评为"天下第一"。

妈妈，您睡得还好吗？

还好，谦儿真孝顺呀。

妈妈，请用膳。

谦儿，你也吃吧。

妈妈，您感觉好些了吗？

好多了，谦儿你也要多休息啊。

母亲病逝了。

妈妈，孩儿不忘您的养育之恩……

彦谦呀，你都三四天没有进食了……

彦谦，这是我家果树上结的苹果，你吃一个吧。

谢谢婶子！母亲尸骨未寒，我吃不下去。

彦谦，你都瘦成这样子了，改善一下伙食吧。

我起码要给母亲守三年孝，这期间不能吃荤……

彦谦这孩子，真是一个大孝子呀！

谁说不是嘛！

房彦谦成年后

房彦谦孝顺父母，心地纯良，又有学问，特召你为官。

多谢栽培！

老年的房彦谦躺在病床上，儿子房玄龄日夜守在床边，端茶送饭。

爸爸，您吃一口饭吧。

玄龄呀，让你吃苦了。

爸爸，您不是常说，百善孝当先吗？这是儿子应该做的！

是啊，每一个人都有生身父母，没有父母的养育之恩，就没有一个人的今天。

爸爸，您就是远近闻名的大孝子，我们做子孙的，定当以您为榜样。

小结

　　房彦谦临终时对儿子房玄龄说："人皆因禄富，我独以官贫。所遗子孙，在于清白耳。"清白，就是做官清正的意思，属于官德的范畴。而孝，则是私德的范畴。官德和私德，都是"德"。房彦谦不管是官德还是私德，都堪称后世的楷模。

不坠家风

——卢怀慎的家风故事

人物简介：

卢怀慎（？—716），字而谨，号业中，滑州灵昌（今河南滑县西南）人。武则天时任监察御史，后历任侍御史、御史大夫、宰相。他为官廉洁，家无储蓄，生活很清贫。他的儿子卢奂做广州太守后，也保持了清廉的节操。

卢怀慎做了宰相后，仍生活贫穷，一家人穿的是破旧衣服。

老爷，邻居们都说我穿的还不如普通农妇呢。

没关系，只要暖和就可以了。

老爷，孩子每天的口粮都不够吃，都在挨饿呀。

以后把我的口粮多匀点给他吃就是了。

爸爸，屋内好冷呀。

兔儿，你可以坐在挡风的地方读书嘛。

卢大人，看到您全家的生活这样贫寒，做属下的实在不忍。

你的好意我心领，钱我是绝不能收的！

卢怀慎生病了。

老爷，宋大人来看望你了。

快有请。

卢大人，你都病成这样了，跟皇上说一声吧。

还是不惊动皇上为好，皇上知道了就会破费的。

我快不行了，我决定给朝廷上奏，推荐你来治理国家。记住，千万不能让小人得势呀。

卢大人，你一生为国着想，真是高风亮节！

闭眼

爸爸——

老爷，你走得太早了哇。

两位辛苦了。我没有工钱给你们，就请两位喝一碗粥吧。

卢大人生前清贫，我们是免费来给他下葬的！

这是哪一家在办丧事呀？

皇上，这是卢大人家，他们在给卢大人办丧事呢。

卢爱卿果然家境贫寒。这样的贤相，真是国家的瑰宝呀！

几年后

卢奂，朕让你做广州太守，希望你不要辜负了朕。

陛下放心，我一定像家父那样，做一个清官。

　　卢怀慎贵为宰相，却依然为官廉洁，家无储蓄，门无遮帘，饮食无肉，妻儿饥寒，生活得很贫穷。这样的情况，在历史上是极为罕见的。可见，要做一个清官好官，不是一件容易的事。难怪连唐玄宗都感动不已，专门写了赞词："斯为国宝，不坠家风。"

淡泊明志

——魏徵的家风故事

人物简介:

　　魏徵（580—643），字玄成，魏郡内黄（今河南内黄西）人，祖籍巨鹿下曲阳（今河北晋州西），一说馆陶（今属河北）人。是唐朝著名政治家，曾任谏议大夫、左光禄大夫、宰相，封郑国公。他以直谏敢言著称，是史上最负盛名的谏臣，同时也以清廉闻名。

夫人，我今天做了宰相，打算学习诸葛亮，淡泊明志！

老爷，我知道你想做一个清官！

她的丈夫做那么大的官，她还这么清苦。

是啊，真让人想不通。

魏夫人，皇上听说你们的房子又窄又旧，十分破烂，令我们来修理一下。

别，千万别，这样宰相会生气的。

这可是皇上的御旨，我们不敢违抗啊！

陛下的好意我心领了，就说魏大人住不惯华丽大厦吧！房子我们是坚决不修的。

老年的魏徵重病在身。

老爷，你感觉好一些了吗？

我恐怕不行了！

魏大人盖的被子又破又旧，根本御不了寒啦。

没事，这么多年都过来了。

画说中华名人家风故事

魏夫人，皇上知道魏大人连一床好被子都没有，派我送丝绵被来了。

魏大人用惯了布被布褥，没有必要添加丝绵被，请皇上见谅。

夫人，我一生追求淡泊明志，希望你和孩子们也能做到！

老爷，你就放心地去吧。

魏徵去世后，唐太宗非常悲伤。

魏爱卿走了，使朕失去了一面镜子。九品以上的文武官员，都要随朕去悼念。

遵旨。

唐太宗带着群臣来到魏府

朕打算给魏爱卿办一场轰轰烈烈的葬礼！

老爷平时生活俭朴，用豪华的礼仪安葬，这不是他的愿望。请皇上三思！

看来，魏爱卿清廉节俭，并不是一时所为，而是长久形成的家风啊。

是的，他一生追求淡泊明志啊。

小结

魏徵身居高位，他和家人却不贪享受，心系朝廷，心忧天下，这种高洁的情操，正是其"淡泊明志"的生动体现。而魏夫人常年料理家事，勤勤恳恳，并没有后悔嫁给一个清贫的丈夫，也是一个了不起的奇女子。

持之以恒

——李白的家风故事

人物简介：

李白（701—762），字太白，号青莲居士，陇西成纪（今甘肃静宁西南）人。曾供奉翰林，陪侍唐玄宗。是唐朝伟大的浪漫主义诗人，被誉为"诗仙"，后世将他和杜甫并称"李杜"。

乌有先生问曰：今日田乐乎？子虚曰：乐……

爸爸念得真好听呀。

一天

白儿，你怎么啦？

白儿，和爸爸一起读：归去来兮，田园将芜胡不归？……

归去来兮……

爸爸，您读的诗，真让人伤心难过呀！

白儿也明白诗的意境？好样的！

爸爸，您念的诗是哪里来的？为什么这么感人？

这都是前人创作的诗文，你想不想长大了也写这样的诗文呢？

想。

那么，从今以后，你就要跟爸爸一起读书，越多越好。

嗯。

天之何为令北斗而知春兮，回指于东方……

白儿，你能写出这样的诗文，实在不简单啦。

白儿，你不是想成为有学问的人吗？去象耳山苦读几年吧。

爸爸，不去苦读不行吗？

李客带着李白来到小河边。

爸爸，那个老人家在干什么？

你去问问吧。

大娘，你磨铁杵干什么呀？

把它磨成缝衣针。

不会吧，这么粗的一根铁杵，真的能磨成针？

只要功夫深，铁杵磨成针。

爸爸，我明白了，读书做学问就像磨针一样，要持之以恒才能成功。

白儿，你明白这个道理就好。

持之以恒——李白的家风故事

小结

　　童年是一张白纸，上面画着什么，将来就会成为什么。所以，自古以来人们都重视家教，特别是早期的家教。因此，聪明的家长都懂得有意识、有计划地开发孩子的早期智力，为孩子指点迷津。譬如李白，如果没有父亲对他的早期文化熏陶，很难想象他将来会成为伟大的诗人。

家无隐私

——郭子仪的家风故事

人物简介：

　　郭子仪（697—781），唐朝华州郑县（今陕西华县）人。是唐朝著名政治家、军事家，曾任九原太守、朔方节度使，先后被封为代国公、汾阳王。

郭子仪掌握了兵权，位高权重，一些人望着他的背影，私下议论。

夫人，从今往后，我们家都要大开房门，就连你的卧室和女儿的闺房，也要敞开房门。

啊？

我的那些将士，不论是谁，都要允许他们自由出入郭府。

这不是乱套了吗？

像郭将军这样的人应该不会谋反。可是，人心隔肚皮，谁知道呢……

集军权和政权于一身的人，对朝廷可不是什么好事！

还有，我们家要辞退仆人，就把我的卫士和士兵当作仆人使唤吧。

这样一来，我们家就成中军帐了。

夫人，难道你不明白我的一番用意吗？

老爷，我明白了，你是为了给自己辟谣呀！

给我端一盆水进来。

是，夫人。

不好意思，原来这里是小姐的卧室，我走错了。

不要紧！

士兵都可以自由出入郭府，有意思！

没有一点富贵人家的样子，太失体统了！

父亲，难道你没有听见外面是怎么议论咱们家的吗？

我倒觉得没有什么不好！

有道是，自我尊重，别人才会尊重你！士兵一来，我们家都成公共场所了，这是败坏门风呀！

恰恰相反，我认为对外公开透明，才是我们家的好门风。

父亲，我不明白您的意思！

我掌握着一万多匹马，统领着数万将士，如果家里整日大门紧闭，不许外人进入，别人会怀疑我有谋反之心呀。

原来父亲是为了避嫌？真是深谋远虑！

郭子仪的仇人说他有谋反之心！

我才不相信！郭子仪的一举一动，将士们都看在眼里呢……

　　政务公开，可以让权力在阳光下运行；家务公开，可以让家事大白于天下。这是对一个官员来讲的。对于普通人而言，多和人沟通，多与人联系，也能增进相互了解，避开流言蜚语。

柳母睦族

——柳宗元的家风故事

人物简介:

柳宗元(773—819),字子厚,唐朝河东解(今山西运城市西南)人,世称"柳河东""河东先生",因担任过柳州刺史,又称"柳柳州"。历任秘书省授校书郎、集贤殿书院正字、蓝田尉、监察御史里行、柳州刺史等。是唐朝著名的文学家、哲学家、散文家和思想家,唐宋八大家之一。

柳宗元的母亲姓卢，是一个远近知名的好媳妇，她给公婆端茶送饭，悉心照料，受到人们的夸奖。

真是一个孝顺的好媳妇！

柳宗元的父亲柳镇进京为官，向卢氏辞行。

夫人，我走之后，我的父母、叔伯子侄等等，全靠你照料了。

老爷，你安心去朝廷做官吧，我会尽力照顾好每一位家人。

从今以后，我们就生活在一起，相互照应吧。

有劳你了。

柳府住满了人，卢氏再贤惠，也顾不了这么多呀。

柳府

看她如何对待这些亲戚。

我有做得不对的地方，长辈们只管教训。

真是柳家的好儿媳。

孩子们，要是渴了、饿了、冷了，只管找我。

您比妈妈还周到，多谢！

这么多人，亏得卢氏能照顾周全。

换了别人，还真做不到！

柳府

逢遇大旱之年

大家跟紧点儿，千万不要走散了。

现在生活艰难，大家都将就着点儿吧。

你把吃的都分给了我们，你也吃点儿吧。

柳宗元长大后

妈妈，大家都说柳家亲戚有今天，全亏你的照料和帮助。

孩子，以后你也要像妈妈一样尊老爱幼、维护家庭和睦。

后来柳宗元考上了进士。

真是"积善之家，必有余庆"，这都是他母亲的美德换来的好报呀！

俗话说，"家和万事兴"。柳宗元的母亲能够尽守本分，照顾族亲，遇事能以大局为重，毫不为己，并且相夫教子，正如《易经》中所说的"积善之家，必有余庆"。柳母的仁爱之心与贤德行为，已成了普天之下所有女性效仿的楷模。

文灿拒间

——周文灿的家风故事

人物简介:

周文灿（生卒年不详），宋朝人，生卒和地址不详。他从小懂得孝顺父母、友爱兄弟的道理，是古人学习的道德楷模，他的事迹被编入《八德故事》，流传后世。

周文灿和哥哥从小就感情深厚。每次玩累了，哥哥就背着弟弟文灿回家。

周家父母相继去世，哥俩为父母守孝。

哥哥，从今往后，我们就成没有爹娘的人了。

弟弟，莫伤心！从今往后，我们两兄弟相依为命。

兄弟成年后，哥哥染上了酗酒的恶习。

太不像话了！一个年轻人，整天就知道喝酒！

文灿，我今天又不能干活儿了。

哥哥，你休息去吧，活儿由我来干。

文灿，家里的农活全由你一个人干，我惭愧呀！

我多干点儿是应该的，只是哥哥今后要戒酒呀！

一天，两名酒友来拉文灿的哥哥去喝酒。

我已经戒酒了，不喝！

那又何必？

人生难得几回醉，走吧！

哥俩好呀，三星照呀，好酒好酒！

哥哥又喝醉了？

扶住

是谁？为什么要扶我？

哥哥，我是文灿呀。你要是心里难受，就打我吧。

太不像话了！靠弟弟养着，还打弟弟！

文灿，这样的哥哥不值得尊重，把他送到官府去吧。

我感谢大家的好意，如果这样，会离间我们的兄弟之情呀。

唉，文灿这孩子真的不容易啊！

哥哥身体差，我今后要更加细心地照料他才是呀。

哥哥，你终于醒酒了。

文灿，哥哥又让你受累了，实在对不起你呀！

从此哥哥痛改前非，再也不喝酒了。

　　据说当朝宰相司马光知道了周文灿的事迹后，常常拿这件事劝诫别人包容手足。《弟子规》里说，"兄道友，弟道恭。兄弟睦，孝在中"。周文灿的行为不仅使兄弟之情更加和乐，同时也感化了邻里乡亲，更使千百年后的子孙后代从中学习受益，这怎不令人感动呢？

俭约持家

——范仲淹的家风故事

人物简介：

范仲淹（989—1052），字希文，祖籍邠州（今陕西彬县），后迁至苏州吴县（今江苏苏州）。历任大理寺丞、秘阁校理、太常博士、右司谏、枢密副使、参知政事等职。是北宋著名的政治家、思想家、军事家、文学家、教育家，因其谥号为"文正"，故世称"范文正公"，著有《范文正公集》。

范仲淹身为朝官，虽然得到的俸禄和赏赐不少，但他不愿过着富贵人家的生活。

不管我们家多么富有，都要过着俭朴的生活。还要常去接济生活贫苦的人。

是，我们会遵守老爷制定的家规。

要是当天出现了亏空，第二天就要及时补上去。

老爷，幸亏你制定了预算，让我天天记账、夜夜查核，使这个月没有出现亏空。

老爷，上次招待客人剩下的猪肉，已经送给邻居了。

嗯，没有客人，吃些粗茶淡饭就很好。

别人家的孩子，吃穿都比咱们家强，孩子们有意见呢。

并非我对他们太抠门了，是我不愿意让孩子们过着富贵的日子。

几年后的一天

老爷，儿子就要结婚了，是不是要好好办一下？

不，给儿子办喜事，也要本着节俭的原则。

大办吧，老爷不答应；不大办吧，亲家不答应。这该如何是好呢？

老爷，亲家想让咱家做一床罗绮幔帐，但我知道这不符合范家家规，没有答应。

这就对了。

可是，亲家说，如果我们不做罗绮幔帐，他们就自己做一床来。

告诉他们，如果他们坚持用罗绮做幔帐，那我范仲淹就把它拿到院子里烧掉！

那就给孩子买一件好一点的衣服吧，这样对家规、对孩子都能说得过去。

你弄一个清单出来让我看看。

这是预算，请老爷过目。

一件衣服，居然花这么多银子？

老爷，婚姻是人生大事，总不能一点也不破费吧？

怎么可以借口"人生大事"，就奢侈浪费呢？

老爷，我知错了。

你承认错误，我就不再追究了。但以后不能再这样了！

小结

　　范仲淹之所以节俭持家，是因为他认为做官要清廉，就必须俭约持家，从家风开始，开创政风。所以他执行严厉的家规，树立严厉的家风！好家风果然养育出好子孙，范仲淹的几个儿子个个有出息，有的儿子甚至比他做的官还大，声名远播。有道是，"家风得永驻，家运也得以鼎盛"，正是这个道理！

沙纸竹笔

——欧阳修的家风故事

人物简介：

欧阳修（1007—1072），字永叔，号醉翁、六一居士，吉州吉水（今属江西）人。北宋政治家、文学家，官至翰林学士、枢密副使、参知政事，世称欧阳文忠公。他是在宋代文学史上最早开创一代文风的文坛领袖，为"千古文章四大家"之一和唐宋八大家之一。

欧阳修的父亲死得早，靠母亲郑氏织布维持生活。

修儿，你已经五岁了，不能再贪玩了，要读书。

妈妈，咱们不是上不起学吗？

虽然上不起私塾，但妈妈可以教你呀。

那，咱们家有纸、有笔吗？

没有纸，就在地上铺一层细沙当纸；没有笔，就用竹枝代替笔。

哦，我也要读书了。

天地之间，以人为本。

妈妈，我记住了，这是一个"人"字。

妈妈，我今天认了好多字，您再教我读唐诗吧。

好的，妈妈不光教你背诗念文章，还要给你讲解古人读书、做人的故事。

书山有路勤为径，学海无涯苦作舟……

书山有路勤为径……

画说中华名人家风故事

修儿，今天妈妈要织很多布，你自己来学吧。

好的，妈妈。

我都读了这么多书，连妈妈都夸我进步快。不如我出去捉一会儿蜻蜓……

修儿，妈妈布置的作业，你完成了没有？

哎呀，我顾着玩都忘了！

你过来，把这匹布剪了。

妈妈，为什么？你好不容易织成的布，一剪断就可惜了。

你知道好不容易织成的布，一剪断就可惜了，可是你不知道，你好不容易学到的知识，如果一中断，就会荒废呢……

妈妈，我知道错了，以后再也不贪玩了。

知错就改，才是好孩子！

小结

欧阳修的母亲之所以能与孟子的母亲并列在一起，就因为她们在教子方面有共同的特点，即循循善诱、悉心指导。欧阳修的母亲并没有因为家境的贫寒而自甘沉沦，对孩子不管不问，而是以竹为笔、以沙地为纸亲自教孩子读书，这是其伟大处之一；面对孩子滋长的骄傲情绪，她不打不骂，而是用浅显的道理让孩子明白中断学习的危害。可见，教育之道，在于循循善诱、以理服人、以情动人。

为文当写民生

——王安石的家风故事

人物简介：

王安石（1021—1086），字介甫，号半山，人称半山居士，抚州临川（今江西抚州）人。是北宋杰出的政治家、思想家、文学家、改革家，唐宋八大家之一。他曾两度出任北宋宰相，在神宗时实行变法，史称"王安石变法"。

墙角数枝梅，凌寒独自开。……

王安石出身于书香和官宦世家，从小阅读了大量古籍文献，能诗能文，8岁时就被当时的人们誉为"神童"。

没想到，他小小年纪却能吟出如此妙诗！

真是神童啊！

王安石的文章，送到当时的文坛领袖欧阳修那里，受到赞赏。

王安石的父亲王益却对他的文章不满意。

真乃杰作也！

前辈过奖了。

你的诗文全是由华丽辞藻堆砌成的，无非是些风花雪月、赏花吟草。

……

爸爸，大家都赞赏我的诗文，为什么您偏偏不满意呢？

一个人的诗文如果华而不实、无关痛痒，就没什么用场。

这一年，王益去建康（今南京）为官。

安石，爸爸要去建康履职，你要不要随我一起去？

爸爸，您这是对儿子的偏见，是故意挑错。

你寄情山水的文章，好是好，可也没有说明什么，不会流传于世。

我在京城待够了，正想借机观赏沿途风景，为我的诗文增色。

好吧，但愿你能够看得仔细些。

那是自然。

怪了，我怎么就没有发现山清水秀的风光呢？

天啦，这些老百姓的日子怎么过得这么悲惨啊？

一路看到的，与我在京城想象的完全不一样啊。这是怎么回事呢？

安石，一路上你都有什么收获呀？说给我听听。

爸爸，您说得对，我从前的诗文确实没有一点价值。

记住，只有对社会有益的文章，才是最好的文章。

是，从今往后，我要写对社会对百姓都有用的文章。

119

小结

王益一针见血地指出了儿子王安石文章的浮华不实，并认为只有关注大众疾苦的文章才有价值。如果没有父亲的一番苦心，王安石不可能了解民间疾苦，更不可能有以后的"变法"行为。可见，教育的目的，不仅要在文化知识上为孩子"修路搭桥"，更要在人生道路上为孩子多加点拨，使下一代人能够找到正确的人生方向。

东坡种松

——苏轼的家风故事

人物简介：

　　苏轼（1037—1101），字子瞻，又字和仲，号东坡居士，北宋眉州眉山（今四川眉山）人。一生坎坷，屡遭贬官，最高职位为礼部尚书。北宋文学家、书画家，唐宋八大家之一，与父亲苏洵、弟弟苏辙合称"三苏"。

苏轼出生不久，父亲苏洵就到京都游学，母亲程氏照顾苏轼。

儿子，咱们该读书了，妈妈要送你去一个好学堂。

哦，读书去啰！

妈妈，我们的学堂就在山上吗？

对呀，你的老师是一位道士，他非常有学问。

老子曰："上善若水，水利万物而不争……"

老子曰："上善若水……"

现在休课，弟子们去玩耍吧。

哦，去玩打仗喽！

目标——山顶上！

冲啊，打坏人去喽！

……

急死了，大家都有"武器"，而我没有，怎么办？

画说中华名人家风故事

有了，就用这棵小树苗当"武器"吧。

冲啊！大家等等我！

放学后

儿子，听说你今天拔树苗了。你可知道树都有什么用途吗？

树木可以盖房子、做家具。

对。一棵幼苗需要十年的时间长成大树，如果把树苗拔了下来，就等于毁了一棵大树，对不对？

还有，树可以带来树荫，可以挡风遮沙，你拔掉一棵树苗，是不是就等于破坏了一片绿荫呢？

妈妈，我知错了。从今以后，我要保护小树苗，还要年年栽树。

苏轼利用课余时间，和同学们共同栽树。

大家都按我的方法，把树栽上吧。

这方法不错，真不愧是"东坡种松法"呀。

小结

　　苏东坡从小就从母亲那里懂得了爱惜树木的道理。虽然那时候还没有"环保"意识，但苏母却能够从树木的用途及其成长不易的角度启发孩子热爱大自然，体会到大自然的优美，从而开阔心胸，增广视野，有益于陶冶性情，塑造美丽的心灵。

司马入地

——司马光的家风故事

人物简介：

　　司马光（1019—1086），字君实，号迂叟，陕州夏县（今山西夏县）涑水乡人。是北宋政治家、史学家、文学家，先后在仁宗、英宗、神宗、哲宗四朝为官，死后赠太师。他主持编纂了中国历史上第一部编年体通史《资治通鉴》。在人格方面，堪称儒学教化下的典范，历来受人景仰。

司马光专门写了一篇《训俭示康》的文章,教育儿子司马康节俭。

由俭入奢易,由奢入俭难。

爸爸,我知道了。

哇,我又读完了一页书。

康儿,这样翻书,容易损坏书的。

爸爸,那我应该怎样翻书?

读书前,要先把书桌擦干净,垫上桌布;翻书页时,要先用右手拇指的侧面把书页的边缘托起,再用食指轻轻盖住以揭开一页。

爸爸,您的方法还真能起到保护书籍的作用呀。

爸爸,给我买一只火炉子取暖吧,我都冻得发抖呢。

康儿,坚持一下吧。买一只炉子,还要买炭,是一笔不小的开支呢。

好冷好冷的天气呀。

画说中华名人家风故事

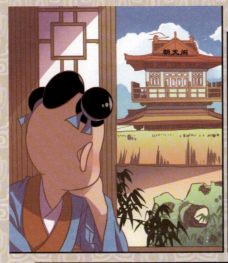

爸爸，什么时候我们家也能住上王大人那样冬暖夏凉的房子呢？

康儿，别着急，很快就会有的。

要按深一丈多、长二丈、宽半尺的规定，把地下室挖好。

我们家的地下室，真是别有一番情趣呀。

虽然我们不盖高楼大厦，但同样能做到冬暖夏凉。

爸爸真聪明。

宰相果真节俭朴素。

真是"王家钻天，司马入地"呀。

127

小结

司马光有一句名言："由俭入奢易，由奢入俭难。"为什么"由俭入奢易"呢？因为过惯了贫穷的日子，一旦过上富贵的日子，容易忘乎所以，容易被眼前的享受所迷倒。为什么"由奢入俭难"呢？一个人过惯了富足日子，如果要勒紧裤带过日子，确实要经历内心的煎熬。司马光的故事告诉我们：节俭是一种美德，只有传承节俭传统，才能磨炼意志、激发斗志、奋发向上。

不然的话，将来一旦遇到困难就容易退却，难以取得成就。

不从吾志，非吾子孙

——包拯的家风故事

人物简介：

包拯（999—1062），字希仁，北宋庐州府合肥（今安徽肥东）人。北宋名臣，官至龙图阁直学士、枢密副使。他不畏权贵，不徇私情，清正廉洁，当时流传有"关节不到，有阎罗包老"的赞誉，老百姓呼其为"包公""包青天"。

拯离任，乘船离开肇庆。

好好查一查船只，看里面有没有非法之物。

这——，不必了吧？

你不动手，只好我自己动手了。

大人，别的没有，只有肇庆父老赠送的一只砚台。

谢谢肇庆父老的好意，但我绝对不能收。

可惜了。

把它立在家门口吧。

你要记住我的家训。不从吾志，非吾子孙！

爸爸，儿子记住了。

包拯的儿子也做了官，像包拯一样清正廉洁。

真像他的父亲包青天啊！

事实证明，包拯的子孙确实没有违背包拯当年的训诫，他那不谋一家一族之利的高尚品格也在子孙身上传承下来。例如，他的孙子包绶官至六品，虽没有包拯的官大，但"生平清苦守节，廉白是务，遗外声利，罕有伦比"，官品比其祖父丝毫不差；另一个孙子包永年，也官至正七品，同样清正廉洁。

老脸如碟

——吕蒙正的家风故事

人物简介:

吕蒙正（944 或 946—1011），字圣功，北宋河南（今河南洛阳）人，北宋名臣，曾三任宰相，被封为许国公。做官以正直敢言、清正廉明而著称。

吕蒙正做了宰相，坚决拒绝收礼。

送礼者，一律不许进我家门。

没想到他还真的不给面子呀。

他真的不收礼？我偏偏要试他一试。

我这面宝镜不光可以照脸，也可以照清二百里外的景物，怎样才能让吕大人收下呢？

有了！我就拐弯抹角地送，不让吕大人觉得有行贿之嫌。

是吗？这么宝贵的古镜，恐怕只有令兄吕蒙正大人才配得上享用，你就替我转交给他吧。

吕蒙休老弟，敝人有一面古镜，麻烦你给我鉴定一下。

哇，真是一面空前绝后的宝镜呀。

这——，家兄的脾气，我想你是知道的。

令兄是鉴宝行家，你带古镜去让他鉴定一下，只要他老人家喜欢，这事就成了。

这样能行吗？

哥哥，你看这面宝镜如何？

嗯，这面古镜能照清二百里，确实是一件宝物。

我看行，反正我不是送礼，只是为了让宝镜有一个好的去处。

要是这样，我就试试看。

既然如此，哥哥就留下自己照脸使用吧！

蒙休呀，哥哥这张老脸，只有碟子那么大，用不着能照二百里的镜子呢！

哥哥说的也是，是我糊涂了，明日我就把东西还给别人。

哥哥说得对，不过，你把它留下来，作为一件传家宝也可以呀。

清廉正派，才是我们老吕家的传家宝啊。

小结

　　吕蒙正是一位与人为善、官德淳朴的好官。他不但不贪恋价值连城的"青铜古镜"，而且为感谢先帝之恩，还曾献家财三百万支援朝廷。他三次登上相位，却从不为自己和家人谋私。这种清廉家风，无愧为后世的楷模。

人物简介：

　　王佑（生卒年不详），字景叔，大名莘（今山东莘县）人。北宋初年任兵部侍郎，继任左司员外郎、中书舍人等职。王家世代为官，祖父王言任唐朝黎阳县令，父亲王彻官至后唐朝左拾遗，儿子王旦任北宋宰相，王旦的孙子王巩亦在朝为官。

大宋建立后，蒙太祖信任，我担任兵部侍郎。看到朝廷里许多人阿谀奉承、贪污受贿，我实在看不惯，总是批评他们，所以一直得不到重用。

爸爸，您后悔过吗？

我不会后悔。因为忠厚诚信，正直无私，才是做人的根本。

爸爸，我也要像您一样。

正因为王家有了光荣的传统，所以我才相信我们的后代还会出现了不起的人物！

嗯，爸爸说得对。

王佑临终时……

旦儿，如果你们将来有出息，就在槐树前告诉乃父一声吧。

放心吧，父亲。

王旦的孙子王巩，在三棵槐树前面建立了一座"三槐堂"。

王旦长大后，果然做了宰相。

父亲大人，皇上传旨，任命儿子做了宰相。您的预言实现了。

历史记载，为了更好地承传家风家训，王旦的孙子王巩，在翻修故居、建立"三槐堂"的时候，特意请苏东坡撰写"三槐堂"，以勉励王氏后人，效仿祖先的美好德行。王家几代人的事迹，正是对"忠厚传家久，诗书继世长"的最好诠释。

百犬谦让

——陈昉的家风故事

人物简介：

陈昉（生卒年不详），字叔方，号节斋，温州平阳（今浙江平阳）人，任吏部尚书、端明殿学士等。他是北宋文学家，有《云萍录》及《颍川语小》传世。

陈家上下十三代人同堂，有七百人之多。

十三世同堂，七百口人一起和睦相处，真乃千古第一家。

确实，一定有什么秘诀！

陈昉当家后，主持家务会。

陈家的家规，是希望子孙恪守长幼有序、全家和睦的家风。我是一家之长，要带头遵守！

我们也会和你一样遵守的。

陈家人去堂厅吃饭，扶老携幼，礼让三先。

三太公，您老先请。

好孩子，你也请。

奶奶，前面有门槛，您小心走。

好孙女，有你扶着我就放心了。

厅堂里，人们相互打招呼。

您最近身体还好吧？

多谢惦念，最近还行。你也不错吧？

在餐桌边，人们相互礼让。

老人家，您请坐上边。

好，你也找一个位置坐好。

十六房的九奶奶到。

不好意思，我来晚了，让大家久等了。

这么多人吃饭，除了孩子的笑声，竟听不到一丝吵闹的声音。

是啊，真难为陈昉了，治家有方啊。

来吧，你们也开始吃饭啰。

一、二、三……还有一只狗没有到呢。

那我们都等一会儿吧。

汪汪~~

就等着您老人家呢。

我刚才出去办点事，耽误了大家吃饭，不好意思哈。

连陈家的狗都受到主人的熏陶，遵守礼节、和睦相处，真是值得我们每一个家庭学习呀。

也没有什么，这是我们陈家的传统呢。

小结

陈家的故事，生动展现了中国传统的大家庭和睦温馨的一面。它让我们了解到，和气就是家庭最温暖的阳光，它能使一个家庭枝繁叶茂，欣欣向荣，充满希望。一个好的家庭气氛，正是因为家里的每一分子互相尊敬，互相关怀，互相礼让。据说，陈昉一家的事迹被上报朝廷，受到了朝廷的嘉奖。这是应该得到的荣誉。

修身为万民

——寇准的家风故事

人物简介：

寇准（961—1023），字平仲，华州下邽（今陕西渭南北）人，北宋政治家、诗人。他历任同知枢密院事、参知政事，曾两度为相，主张抗击辽军的入侵，反对和辽军议和。诗文有《寇忠愍诗集》三卷传世。

寇准的父亲死得早，全靠母亲一边织布度日，一边教他读书。

准儿，你要是读书成功，也不负妈妈的一片苦心。

妈妈，我一定不辜负您的期望。

寇准成年时，去京城赶考，临行前跟母亲告别。

妈妈，我去应试了，您要保重身体。

去吧，妈妈没事儿。你要争取考个好成绩！

寇母生病了

您生病了，要不要把少爷叫回来？

千万别，还是让他安心考试吧。

报信的地方官骑马来到寇家

喜报！喜报！恭喜老夫人，您儿子寇准高中了进士！

同喜同喜，谢谢你啊。

我就知道，准儿一定能考出好成绩的。

老夫人，多亏您教导有方啊。

刘妈，请把书房上的一幅画替我拿来。

哎，我这就去。

刘妈，如果将来准儿做官忘了本，就请你把这幅画交给他！

好的，老夫人。

十多年后，做了宰相的寇准为了庆贺自己43岁生日，大摆宴席。

老爷，门外有一位老太婆，自称是刘妈，要来见您。

原来是刘妈，请她到大堂上来。

恭喜宰相大人43岁大寿！

同喜同喜！

老爷，我给您送东西来了。

这是什么？

这是老夫人生前给老爷留下的一幅画。

孤灯课读苦含辛，望尔修身为万民。
勤俭家风慈母训，他年富贵莫忘贫。

原来是母亲画的《寒窗课子图》。

是我对不起母亲，辜负了她老人家的遗训。来人，立即撤去寿筵。

　　史书记载，寇准为官之初，尚能做到廉政节俭，后来慢慢地开始讲排场，比阔气。当他看见母亲的遗画时，才想起母子当年所受的苦，也为母亲"遗画教子"的良苦用心所感动。从此清正为官，体恤百姓，终成一代贤相和名相。这都是寇母教育的结果。

翠竹品格
——文天祥的家风故事

人物简介：

　　文天祥（1236—1283），字履善，一字宋瑞，号文山。吉州庐陵（今江西吉安）人，宋末政治家、文学家、爱国诗人、抗元名臣，官至右丞相。他领兵抗击元军，兵败而被俘，宁死不降。他的父亲文仪，以读书勤敏、学识渊博而闻名乡里。

文天祥的父亲文仪非常喜欢竹子，在庭院里栽满了翠竹。

天祥、文璧，你们快来给竹子浇水呀！

爸爸，来了。

爸爸，您题写的匾，字迹真苍劲有力呀。

爸爸，为什么要取名"竹居"呢？

居竹

因为我们的门前屋后，全是竹子嘛。

孩子们，你们还记得苏东坡的《咏竹诗》吗？

很好。你们知道竹子都有哪些用处吗？

宁可食无肉，不可居无竹。

无肉令人瘦，无竹令人俗。

爸爸，我知道。

文璧，你先说说看。

弟弟说得对。竹子还可以制笔，可以做成竹简。历史上的书都是写在或刻在竹简上的，没有竹子，就没有古代的书。

竹子可以做筷子，编篮子，能制床、做桌子、椅子、盖房子，扎扫帚，还可以做扇子、斗笠，等等。

对，我把这个忘了。

150

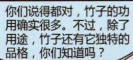

你们说得都对，竹子的功用确实很多。不过，除了用途，竹子还有它独特的品格，你们知道吗？

好吧，文璧。

竹子历经风雪而不凋零，古人称松、竹、梅为"岁寒三友"，说的就是这种不畏冰雪严寒的个性。

爸爸，我先说。

天祥，你说呢？

竹子无论在山地，还是平原都能很好地生长，并且，它的质地很坚硬，不管风吹雨淋，从不低头弯腰！

你们说得都很好。为父生来最喜欢竹子，原因就在这里。竹子身可焚不可毁其节，干可断不可毁其直。

爸爸，我也喜欢竹子，我也会像竹子那样做人。即使遇到逆境，也决不低头，决不变节。

我也喜欢。

这正是为父对你们的期望啊。

您放心吧，爸爸。

151

小结

　　孩子性格和品质的形成，与家庭的教育有着不可分割的关系。文仪将竹子与做人联系在一起，这样的比喻生动而贴切，起到了不同凡响的教育效果。难怪文天祥对父亲的话念念不忘，他的"人生自古谁无死，留取丹心照汗青"的诗句，就充分印证了父亲的教诲。

焚券养侄
——朱显的家风故事

人物简介：

朱显（生卒年不详），元朝真定（今河北正定）人。因为照顾侄子、不愿分家而出名，他的事迹被编入《二十四悌》《八德故事》中流传后世，受到人们的称赞。

朱显的祖父卧病在床，决定在弥留之际将家产按等份分好，还立下了字据，把后事交代妥当。

我死后，要是你们哥仨不能相守在一起，就凭各自手上的分产证明，把家产平分了吧。

谢谢爷爷的良苦用心！

爷爷去世后

老二、老三，我们的父母死得早，爷爷也尸骨未寒，我们等几年再分家吧？

哥哥说的也是。

这一年，朱显的大哥大嫂不幸相继去世，留下了两个嗷嗷待哺的孩子。

大哥，你怎么这么早就走了啊！

爸爸，你怎么撇下我们不管啦。

这么小的孩子就失去了父亲，该怎么办呢？

有道是，侄儿如亲子。既然哥哥不在了，我这个做叔叔的，就要担当起抚养他们的重任。

侄儿，从今往后，我把你们当我的亲生儿子一样看待，你们愿意吗？

我们愿意。

　　年少就失去父母，这真是人间的至痛。如果没有亲情的力量来维持家庭的温暖，那孩子如何心智健全地成长呢？朱显焚券，不但是尽了兄弟应有的手足情义，也是对父母尽的最大孝心。综观现代社会的生活情形，这种淳朴厚道的心性，已经越来越少了。甚至有许多人，在父母还健在的时候，就想着要得到父亲的财产。这不能不说是一种道义的失落。

隔世还金

——曹鉴的家风故事

人物简介：

　　曹鉴（生卒年不详），字克明，元朝宛平（今北京）人。为官30年，曾任员外郎、礼部尚书等。在任期间，以清廉著称，不义之财一毫不取。

哈哈，你怎么不早说呀？我可有清心镇惊的特效药呢。

嗯，这是怎么回事？

父亲，我猜顾叔叔的意思，是想让您提拔提拔他。

渊白老弟呀，你这不是让我背下受贿的恶名吗？怪就怪我当时没有打开来看看。

父亲，顾叔叔半年前已经去世了。依我之见，我们就收下黄金，不再对人提起这件事就是了。

对于来路不正的东西，我们怎么能贪占呢？越是没有人知道的时候，越要自律呀。

父亲批评得对。

父亲，顾叔叔的公子来了。

快请，今天我们父子要好好款待他。

孩子，你父亲生前留下了五两黄金，存在我处，现在还给你。

多谢曹叔叔！

　　在如何对待财富上，古人为我们树立了许多可以借鉴的榜样。后人在赞扬曹鉴守身如玉时，写下了一副对联：终身行事慎独也，隔世还金品格纯。一个正人君子，都会像曹鉴一样，坚守自己的道德底线，不义之财不取，不义富贵不要，宁愿生活在艰苦的环境中，也不堕落。

四菜一汤

——朱元璋的家风故事

人物简介：

朱元璋（1328—1398），字国瑞，原名重八，后取名兴宗，濠州钟离（今安徽凤阳东北）人。明朝开国皇帝。幼时贫穷，后参加起义，建立明朝。在位期间体恤百姓，奖励垦荒，使社会生产逐渐恢复和发展，史称"洪武之治"。

最近皇上为什么总是闷闷不乐呀？

唉，国家刚刚建立，国弱民穷，可是大臣们却整日花天酒地，长此以往，腐化贪污之风又会盛行了。

皇后有什么办法，治一治奢靡之风？

后天是我的生日，想必大臣们都会来祝贺。到时……

皇后说得好，我要利用这次机会，狠狠煞一煞奢靡之风。

最好的办法，是给大臣们做个清正的样子。

祝马皇后千岁千岁千千岁……

祝马皇后贵体康健，寿比南山。

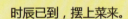

时辰已到，摆上菜来。

遵旨。

一份鱼肉都没有，皇后的生日宴就这么简单呀？

莫非这就是皇上平日说的"四菜一汤"？

这位爱卿说得对，今天吃的就是朕发明的"四菜一汤"。

皇上，"四菜一汤"有什么讲究吗？

萝卜上了街，药店无买卖。这萝卜是治百病的良药，能吃又能治病，何乐而不为呀？

皇上说得好。

韭菜青又青，长治久安定人心。常吃韭菜，预示着国泰民安，岂不妙哉！

皇上圣明！

两碗青菜一样香，两袖清风好丞相。丞相带头清廉，百官如何不清廉？

皇上教诲得极是！

小葱豆腐青又白，公正廉洁如日月。身为百姓的官，人人公正廉洁，江山就会永葆万年！

谨记皇上教诲！

以后各位爱卿请客，就以"四菜一汤"为标准吧。

原来皇上是借机倡导清廉节俭的风气，以后臣等可不能再大吃大喝了。

小结

朱元璋出身贫苦，能够体恤民间的艰难，所以反对官场的奢侈腐败，因而才想出这"四菜一汤"的办法来教育官员清廉从政。如今，在我国的公务接待中，也有"四菜一汤"的规定，其起源就在于此。

读书在于明理

——郑板桥的家风故事

人物简介:

郑板桥(1693—1765),名燮,字克柔,号板桥,人称板桥先生。江苏兴化人。历任山东范县、潍县知县。他是清朝著名的书画家、诗人,一生艺术成就很高。除了诗歌,书法"板桥体"在中国书法史上很出名,绘画常以"兰竹石松菊梅"为题材,治印艺术也相当高。人们把他的诗书画印艺术统赞为"四绝"。

郑板桥做了潍县县令后，非常重视儿子小宝的教育。

人说"娇子如杀子"。我五十岁得子，更不能娇惯！

老爷放心，我决不娇惯他。

小宝的学业如何？

进步很快，人们都说他长大了，一定会像你一样当大官。

人一读书就想做大官，紧接着又想捞大钱、造大屋。这样一来，读书的出发点就错了。

老爷，那你说读书是为了什么？

读书、做官，都是小事，第一要明理、行善事。

我明白了。

我爸爸可是大官，你以后要对我毕恭毕敬！

小宝，不许欺侮人家！

你爸爸不是经常对你说，要做一个读书明理的好人吗？你怎么忘记了？

妈妈，我知错了。

小结

　　史书记载，郑板桥做了官后，看到富贵人家子弟多数被宠得不像样子，因此担心自己的孩子被娇惯坏了，便不断教育孩子读书要明理，做一个品行好的人；同时也教育孩子要自立自强。他对儿子的遗言是：流自己的汗，吃自己的饭，自己的事自己干，靠天靠人靠祖宗不算好汉。郑板桥的教子故事，值得我们思考和学习。

长公临行割半鸭

——于成龙的家风故事

人物简介：

于成龙（1617—1684），字北溟，号于山，清山西永宁（今吕梁）人。历任清朝知县、知州、知府、按察使、布政使、巡抚和总督，以及兵部尚书、大学士等职。在二十余年的宦海生涯中，他以卓著的政绩和廉洁刻苦的一生，深得百姓爱戴，被誉为"天下廉吏第一"。

四十岁的于成龙，带着三个仆人来到广西罗城任知县。

没想到罗城县这么贫穷呀！

这样的衙门，恐怕没法儿办公呢。

于成龙寄居在关帝庙里，因缺衣少食，和他同来的仆人跑了两个，只留下一个铁杆仆人。

老爷，张三、李五吃不了苦，全跑了。

由他们去吧。

这么苦的日子，你还过得了吗？

老爷能过，我也能过！

大人的日子太苦了，我们凑了点钱，请您笑纳。

你们的日子也苦呀，钱我不能收。

大人要是不收，我们就不起来。

你们还不知道我的为人吧，我说不收就坚决不收。

一年，于成龙成年的大儿子千里迢迢来到衙门看望他。

爸爸，我来看望您老人家了。

好哇！不过，我可没有存下银子，让你带回去补贴家用呢。

别，千万别送啊。

于大人，这钱是给您儿子带回家去的。

大家的心意我领了，但我为大家办事，朝廷已给了我俸禄，希望大家不要给钱我了。

我爸爸说得对，这钱我也不能收。

孩子，你今天就要回老家了，让你白来了一趟！

我知道爸爸一向清廉，不会存下银两的。我能见到爸爸，也就知足了。

这半只腌鸭，作为爸爸送给你回家的礼物吧。

谢谢爸爸，我收下了。

听说于大人平时规定，衙内门一天只供应二斤豆腐；现在又只给儿子送半只鸭……

真是"于公豆腐量太窄，长公临行割半鸭"呀。

长公临行割半鸭——于成龙的家风故事

171

　　于成龙为官清廉的事迹传开以后，有人举荐他担任更大的官，后来又成为管辖一方的封疆大吏。不管做多大的官，他的廉洁之气不减当初。例如，在江南任职时，他"日食粗粝一盂，粥糜一匙，佐以青菜，终年不知肉味"，老百姓都叫他"于青菜"。可见其节俭的程度。

做人先立品

——张廷玉的家风故事

人物简介:

张廷玉(1672—1755),字衡臣,号研斋,安徽桐城人。清朝雍正时任内阁大学士、吏部尚书、军机大臣,追加太保。为三朝元老,做官五十年。著有《传经堂集》《澄怀园全集》等。

张廷玉的父亲张英是清朝大学士。张英专门写了一部家训，叫《聪训斋语》，以教育年幼的儿子做人要先立品。

读经书、修善德、慎威仪、谨言语——这是我对你的期望。

父亲，我明白了，您这是教我如何为人处世。

与人相交，一言一事，皆须有益于人，便是善人——这也是你应该记住的。

父亲的话，让儿子受益匪浅。

张廷玉牢记父亲的教导，熟读经书，待人宽厚。

学兄你先请！

你也请！

我的学生张廷玉，无论学品还是人品，都是第一名。前程无量啊！

张廷玉28岁时，考中了进士。

进士张廷玉，殿试成绩优异，特任命为内阁大学士之职。钦此！

谢主隆恩！

若霭，你可知道这本书里说了什么？

儿子明白。这是祖父留下的家训，希望我们做人先立品，善待所有的人。

张廷玉六十岁时,儿子张若霭参加殿试,中了一甲三名探花。

说得对!要立品,就要礼貌待人,就要为人谦让,就要与人为善。

儿子谨记不忘!

父亲,儿子这次殿试,中了一甲三名探花!

哈哈,考得不错。这都是你平时努力学习的结果!

不过,为父不同意你为一甲三名探花!

父亲,殿试成绩都是在平等条件下取得的。难道这也要礼让吗?

为父一向认为那些贫穷的读书人,比你们这些官宦之子付出的艰辛更多呀。

父亲体谅贫寒学子的难处,让儿子汗颜。我同意父亲的意见!

皇上,臣不同意把张若霭的成绩评为一甲三名,希望定为二甲。

这里有什么说道吗?

张若霭还年轻,应继续学习、积攒福德才是。

好吧,朕知道你是一个重人品的人,就让你儿子列为二甲一名吧。

张若霭后来也在军机处任职，他像祖父张英和父亲张廷玉那样，尽职尽责，谦虚自处，颇有祖辈遗风。人们都称赞张家家风淳厚，谦卑公允之心昭昭可鉴，祖孙三代都是为官清廉、人品端方，深受百姓爱戴的好官、清官。这无疑得益于张英一辈传下来的良好家训。

不取一钱

——张伯行的家风故事

人物简介：

张伯行（1652—1725），字孝先，号恕斋，晚号敬庵，河南仪封（今河南兰考东）人。清朝官员，为官二十余年，官至礼部尚书。以清廉刚直著称，被清朝康熙帝称为"天下清官第一"。

张伯行任江苏巡抚时，有个王知县，无才无德却梦想升大官，就想找张伯行做靠山。

卑职是王知县，专门来拜望巡抚大人。

你来得不巧，我家老爷公干去了。

巡抚大人日理万机，自然忙得很。我这里有一幅画，是送给张大人的。

不！我家老爷是从来不收礼的；如果我收了，他会责骂我的！

夫人误会了，这并不是什么礼物，而是属下画的一幅画儿，特向大人请教的。

哦，原来是这样。

既然张大人不在家，卑职改日再来拜望。告辞！

王大人慢走！

我家老爷受父亲、祖父的教诲，一向修身养德，我可要支持他！

老爷，刚才有一位王知县，画了一幅画儿，想让你指点一二。

拿来我看看。

嗯？分量有点儿沉呀，可能里面藏着什么东西！

老爷，你看画轴干什么？

一看便知。

是吗？

天啦，里面竟藏着金条，这可如何是好！

不要紧，我来处理。

不久，王知县又来拜望张伯行，宾主落座。

你的画儿不错，我收下了。

巡抚大人过奖了，请今后多多指导、多多提携！

一丝一粒，我之名节……取一文，我为人不值一文……倘非不义之财，此物何来？

不过，来而不往非礼也。我也送你一幅字画吧，请笑纳！

巡抚大人一定把金条藏进轴里，想悄悄归还给我。

这根金条你还是拿回去吧。

没想到巡抚大人如此清廉不贪呀！

179

虽然在"三年清知府，十万雪花银"的封建时代，出现几个像张伯行这样的清官，并不足以改变那个时代的腐败风气，但是，像张伯行那种出淤泥而不染、拒贿于"一丝一厘"的可贵品德，也可以给当今时代以有力的警示。还有张夫人，也不愧是一位贤内助，值得我们推崇。

文好字亦佳

——林则徐的家风故事

人物简介：

林则徐（1785—1850），字元抚，又字少穆、石麟，晚号俟村老人、俟村退叟、七十二峰退叟、瓶泉居士、栎社散人等，福建侯官（今福州市区）人。清朝后期政治家、思想家和诗人，官至一品，曾任湖广总督、陕甘总督和云贵总督，两次受命钦差大臣。因主张严禁鸦片、抵抗西方列强的侵略，有"民族英雄"之誉。

林则徐的父亲林宾日是一位私塾先生，对儿时的林则徐教育严格，父子俩时常吟诗作对。

除夕月不同，点数盏灯，代乾坤壮色。

儿子，我们来对一副春联吧。

爸爸，还是您先出上联吧。

这是我的上联。

嗯，好一个"点数盏灯"！

新春霄未响，擂三通鼓，替天地扬威。

这是什么意思？

您一会儿就知道了。

好一个"擂三通鼓"，对得好呀！

不过，你的诗文都作得好，就是有一点，字写得不尽如人意。

爸爸，我以后多练字就是了。

儿子，我规定你每天写两页小楷，必须写得工整好看，你为什么总是写得不好呢？

爸爸，练字不如看书有趣，也不如写诗作文有收获。

怎样才能治一治他这种重文轻字的毛病呢？

请老先生指教！

拿来我看看吧！

一天，一位老先生被请到林家。

则徐，我请了一位老先生，他可是写文章的高手，你要多向他请教。

老先生好！

好！真是一篇好文章！

嘻嘻！

老先生，您刚才对犬子的文章大加赞赏，为什么只评了个"乙"呢？

文章确实写得好，可惜字写得差，评为"乙"都算勉强呢！

谢谢老先生，我今后一定要听爸爸的话，把字练好。

小结

后来，林则徐发愤练字，终于写出了一手好字，成为一个十分有成就的书法家。他的书法作品，已成了现代人收藏的珍品。试想，如果一个人写了一手好文章，却把字写得不成样子，是不是令人失望？

诗书继世

——王士禛的家风故事

人物简介：

王士禛（1634—1711），原名王士禛，字子真，号阮亭，又号渔洋山人，人称王渔洋，新城（今山东桓台）人。清初杰出诗人、学者、文学家，博学好古，能鉴别书、画等。著有《池北偶谈》《古夫于亭杂录》《香祖笔记》等。王士禛的祖先，从明朝中叶到清朝中期的三百年间，世代为官，家风优良。

王士祯给儿子王启钫讲家史。

爸爸，都说我们老王家祖祖辈辈都很了不起，这是真的吗？

你想知道吗？爸爸今天就讲给你听。

其实，我们的第一代祖先，名叫王贵，是一个贫苦的穷人，当时只能过着四处逃乱的生活。

哦，那后来呢？

后来，由于身无分文，他只好给一家地主做佣人，干体力活儿，吃尽了苦头。

这么说，他连书也读不起啰！

后来，王贵祖先娶了一个穷人家的女子，也不识字，夫妻两人生儿育女，艰难度日。

那他的子女读书了吗？

虽然他们夫妻并不识字，但懂得忠厚为人的道理，经常教育子女要做一个好人。

那他们的子女做到了没有呢？

他们的儿子，也就是我们的第二代祖先王伍，受父母的教诲，勤俭度日，乐善好施，常把家里剩余的粮食拿出来救济贫困乡邻，人称"善人公"。

真是一个好人。

186

至于读书，从第一代到第二代祖先，他们为了生计，四处奔波，自然没有读多少书。

实在可惜呀。

不过，王伍祖先的家境稍好一些，就开始重视培养孩子，送子女进学堂念书，同时教育子女读书明理。

那他们读得怎么样呢？

我们的第三代祖先，叫王麟明，在父母的培育下，刻苦读书，每次考试都得第一。

哇，真是了不起！

后来，王麟明做了官，官至颍川王府教授，世人称颍川公。他在做了官后，依然勤读苦学，成为士人的榜样。

这么说，我们王家的祖先，从第三代起就开始做大官了。

是的。颍川公的儿子，也就是我们的高祖，叫王重光，后来也做了官，死后还被皇上追赠太仆寺少卿呢。

爸爸，为什么我们老王家代代出名人呢？

古人说，"忠厚传家久，诗书继世长"。是祖先的忠厚家风和诗书传统，才造就了我们王家的代代名望。

爸爸，我明白了。

小结

　　从王家的事例中，我们不难看出，这个家族之所以成为显赫的大家族，与"忠厚传家""诗书继世"的治家理念有着莫大的关系。无数事例说明，一个家庭，如果既重视读书，培养学子，也重视为人处世的教育，教会子女做人的道理，那么这个家庭就一定会兴旺。

勤俭持家

——曾国藩的家风故事

人物简介：

　　曾国藩（1811—1872），初名子城，字伯涵，号涤生，湖南长沙府湘乡白杨坪（今属双峰）人。清朝战略家、政治家，晚清"中兴四大名臣"之一，官至两江总督、直隶总督、武英殿大学士，封一等毅勇侯，是中国历史上有影响的政治人物之一。

曾国藩做官后，依然教育家人以勤俭为本。他经常回到乡下的家中，教育未成年的儿子曾纪泽、曾纪鸿。

作为男子，不能懒惰，在家里要勤扫地、勤担水、勤干活。

谨记爸爸教诲。

读书学习上，每天起码要练1000个字。看、读、写、作缺一不可。

爸爸的要求虽然严格，但我们还是有决心做到。

爸爸，我们都是按您的要求读书学习的。

好，那我就放心了。

女子要学会洗衣服、烧茶、做饭、烹菜，不可一日懒怠。

女儿记住了。

女子的功课，食、衣、细、粗同样缺一不可。

爸爸，这四个字怎么讲？

食者，就是每天早饭后做各种小菜；衣者，就是上午纺花或织麻；细者，是指中饭后要做的针黹刺绣这些细工活儿；粗者，是指晚饭后要做男女布鞋或缝制衣服。

爸爸教育得对，我们一定勤奋有加！

爸爸，您教导的四件日常功课，我们天天都在做。

好。俗话说，人贵勤，我们曾家上上下下都要做到"崇勤"！

勤和俭是分不开的，既要做到勤，也要做到俭。要生活俭朴，远离奢华。

爸爸，我们知道了。

曾国藩官至一品后

相府

我们家门外不许挂相府、侯府的匾。

老爷，我派人摘下来就是了。

虽然我的官职不小，但一家老小仍要勤俭持家。

老爷放心，我们一家老小能自己解决吃饭穿衣。

自己做的饭菜，吃起来就是香啊。

盐

曾纪泽、曾纪鸿成年后

爸爸，听说北京城内非常热闹。我们为什么不搬到城里去住？

那里住的多是有钱有势的人家，他们的子弟奢侈腐化、挥霍无度，我怕你们受到不良影响啊！

曾国藩是近代史上著名的人物，他对子女的教育给后人以借鉴意义。他曾写下十六字治家箴言："家俭则兴，人勤则健；能勤能俭，永不贫贱。"勤奋、俭朴、求学、务实的家训家风一直为曾家后人所传承，所以他的后代也多成为名人。

自己当仆人

—— 谭嗣同的家风故事

人物简介：

谭嗣同（1865—1898），字复生，号壮飞，汉族，湖南浏阳人。是中国近代资产阶级政治家、思想家，维新志士，"戊戌六君子"之一。从小博览群书，致力于自然科学的探讨，鄙视科举，喜好今文经学。著有《谭嗣同全集》。

谭嗣同的父亲是清朝末年的重臣,官居四品。而他的母亲徐五缘却生活俭朴,每天劳作不辍。

妈妈,让我帮你一起洗吧。

好吧,你也帮妈妈洗一会儿。

妈妈,有人说你出身于种田的农妇,要不为什么会这么勤劳呢?

才不是呢,你的外公是浏阳国子监生,妈妈也算是官宦人家的小姐呢。

妈妈,我们家能请得起仆人,你为什么还要亲自干家务呢?

因为妈妈不愿意请仆人。

为什么呢?

因为你们兄弟姐妹从小生活在条件优越的家庭,妈妈担心你们养成奢侈闲逸的习性,所以想给你们带个勤俭的好头。

你们只有从小懂得劳动成果来之不易,才会珍惜它们。

妈妈,我知道了。

谭家请了一个家塾先生。

孩子们,快跟你们的先生打招呼。

先生好!

"夫君子之行，静以修身，俭以养德，非淡泊无以明志，非宁静无以致远……"

嗡嗡——

嗯？

这位女仆人真辛苦，这么晚了还给主人纺线。

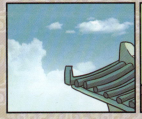

你家的女仆人真勤劳，每天晚上纺线至深夜啊！

仆人？我家没有请仆人啊？

不会吧，我怎么每天晚上都听到纺车纺线的声音呢？

先生，那是我妈妈在纺线呢！

是吗？作为四品官宦人家的夫人还如此勤劳，真是闻所未闻啊！

谭嗣同虽出身官宦之家，却没有染上懒惰的习惯，这与母亲平时的严格教育和以身作则是分不开的。在母亲的严格教诲下，他的性格也像母亲一样坚强、自立、倔强和不屈不挠。从这个角度来说，孩子的成长与父母密切相关。

做官不许发财

——吉鸿昌的家风故事

人物简介：

吉鸿昌（1895—1934），原名吉恒立，字世五，河南扶沟人。抗日英雄，爱国将领。后被蒋介石下令杀害，时年39岁。

吉鸿昌年轻时投奔冯玉祥的西北军，英勇善战，25岁时被提拔为营长。

报告营长，您的电报。

哪里的？

电报

父病危！

父亲大人生病了？

哒哒哒……

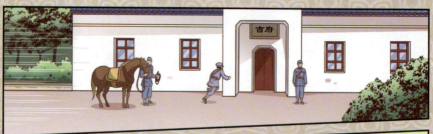

吉府

父亲，我来迟了！您怎么样啊？

鸿昌，你回来得正好。

父亲，您有什么话要交代儿子的吗？

鸿昌啊，你要记住我的话。

画说中华名人家风故事

198

父亲，您有话只管吩咐！

不管你以后当什么官，都要记住，要清白廉正。

父亲，我一直是这样做的。

你尤其要记住，要做官就不许发财，多替天下穷人着想。如果你做不到这一点，我就是死了也不安息呀。

要做官就不许发财。父亲，这话我记下了！

传令兵，把我的瓷碗送到陶瓷厂，让他们根据这只碗的样子，炼制一批瓷碗出来。

是！

吉鸿昌在分发瓷碗的大会上讲话。

我吉鸿昌虽为长官，但决不欺压民众，掠取民财，我要牢记父亲教诲，做官不为发财，为天下穷人办好事，请诸位兄弟监督。

当官不为发财，只为老百姓！

吉营长真心为民着想啊！

小结

"做官不许发财"，这就是抗日民族英雄、爱国将领吉鸿昌的家训。吉鸿昌言行一致，一生清白廉正，处处为民众着想。当日本帝国主义侵略中国，人民陷入水深火热之时，他反对蒋介石的投降政策，奋起抗日。真所谓："有其父，必有其子。"

发瓷碗大会